创世神话

—— 造物的千年进化史 ——

EVOLUTION
A Little history of a great idea

[英]格拉德·切谢尔 / 著　张　慧 / 译

CS K 湖南科学技术出版社

First published 2008 AD
This edition © Wooden Books Ltd 2008 AD

Published by Wooden Books Ltd.
8A Market Place, Glastonbury, Somerset

British Library Cataloguing in Publication Data
Cheshire, G.
Evolution

A CIP catalogue record for this book is
available from the British Library

ISBN 978 1904263 80 7

Printed and bound in England by
The Cromwell Press, Trowbridge, Wiltshire.
100% recycled papers made specially for
Wooden Books by Paperback.

EVOLUTION

A LITTLE HISTORY
OF A GREAT IDEA

Gerard Cheshire

目 录 CONTENTS

前 言

　　地球上几乎所有的民族都有自己的创世神话。北美的印第安易洛魁人认为，大地上的一切都是天神所造，古代日本人认为创世的诸神都是从一个芦苇芽中生出的，直到今天很多人依旧坚定认为宇宙是某个神通过这种或那种方式创造出来的。

　　本书讲述了一个伟大的造物故事，这个故事不是一堆神话符号，也不是死气沉沉的宗教教条，而是由全世界无数的植物学家、动物学家以及生物学家在过去的几百年间通过复杂的科学实验探究，用不同的语言共同拼写描述而成。自查尔斯·达尔文在1859年首次公开发表至今，震撼了无数的世人，这个令人难以置信的神话讲述了一个细菌是如何变成蠕虫，变成鱼类，变成爬行动物、啮齿动物，变成猿类，变成离开非洲大陆的人类，并最终成为你今天的样子。

　　与众多的创世传说相似，这个神话听起来那么的神奇和不可思议，也像很多好听有趣的故事一样，充满了性、死亡、家族纠葛、善良和友爱。这个故事也许一些人曾经听过，还有一些人甚至从未听说，并且这个故事还远未结束，仍在继续发展着。这个物种不断经历灭绝的时代，我们人类也置身其中，甚至成为推动灭绝之力的一部分，如果我们能够存活下来，也许某一天也会进化成某个全新的物种。

LIFE'S GREAT FAMILY
宏伟的生命大家庭
灵光闪现

在过去迷雾般的几个世纪中，一个崭新奇特观点闪现出来：人类，以及其他生物并不是被上帝直接创造出来的，而是从一个不断适应生物进化的过程中演化而来的。

在1735年出版的《自然系统》一书中，卡尔·林奈（1707～1778）根据动物的行为模式将其分类为界、门、纲、目、科、属、种，从而取代了传统的动物分类方法，而此分类方法一直沿用至今。由此可以明显看出来，动植物都是从一个或另一个共同的祖先进化而来。19世纪的科学家也在不断努力试图发现这究竟是怎样进化而来的。1809年，巴蒂斯特·拉马克（1744～1829）提出物种通过不断获得新特征实现进化，通常这些细微（也是有用的）的改变是它们根据自身实际需要而获得的（例如，一个网球运动员最好锻炼出肌肉发达的手臂），并遗传给后代。这一理论尽管受到了广泛认可，但是依旧存在缺陷。事实证明，后代往往与他们的父母之间有很明显的差异，并且最重要的是，这些个体毕生所获得的特征，如创伤或发达的肌肉，是不能遗传给后代的。

这个理论并不完全正确，似乎中间缺了点什么。

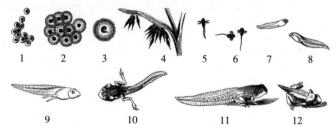

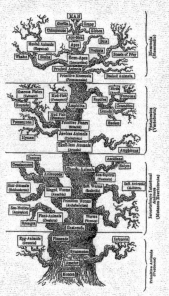

左图：早期的林奈生命之树以等级形式呈现，在这个生物界里，哺乳动物居于上层，人类居于最顶端。尽管这是一个突破，但这些早先的版本距离中世纪生物链的版本并不遥远。中世纪生物链，也即灵魂等级制，上帝至高无上，下面依次是天使、人类、动物、植物和位于最底层的无机物。每一阶层控制着其下层，并对它们拥有天然的绝对权威

右图：恩斯特·海克尔的原始生命之树，绘制于1866年，将所有生物分为三个基本的群：植物群、动物群和原生生物群（这里的原生生物群是一个由真核生物和多细胞生物所组成的多样性群组，它并不包含其他的真核生物界）。海克尔为此图创造了"protist"这个术语。现代分类在某些重要的方面与该图表并不相同（例如：真菌如今被认为是一个单独的界）。生命之树的多个现代版本，参见本书第50~61页

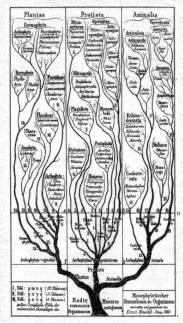

THE GREAT IDEA
伟大的思想
进食、繁育、适应与传世

在经过25年的标本收集及对不同物种间差异的研究，尤其是对无脊椎动物，查尔斯·达尔文（1809～1882）于1859年向世人揭示了自然选择下的进化论。这与拉马克的理论形成了鲜明对照，达尔文认为后代特征上的变化足以应对自然对他们做出的选择，从而使得更好的个体去适应一直在变化的自然环境。细微改变给予的小优势通过世代的积累可以使后代产生巨大的差异，甚至产生出新物种。1864年赫伯特·斯宾塞（1820～1903）提出了"适者生存"一词来阐释这一思想。

达尔文学说取代了拉马克学说的地位，尽管包括达尔文学说在内的各种学说，没有一种可以明确解释究竟是什么机制使得自然进行选择。但无论如何，今天用来描述基本粒子生物转移的"芽球"一词，在很多方面都与孟德尔提出的"配子"有相似之处，虽然该词在那个时代并未出现。

达尔文的理论还指出人类是从远古猿类进化而来，这在当时是一个具有革命意义的理论，他的理论质疑了人类在广袤宇宙中的地位，并挑战了人们长久以来有关自然造物的信仰。

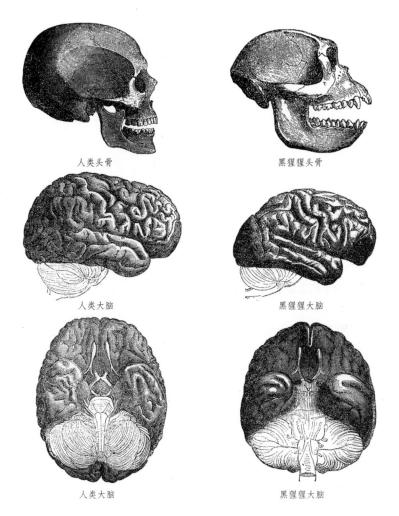

人类头骨   黑猩猩头骨

人类大脑   黑猩猩大脑

人类大脑   黑猩猩大脑

    人类与黑猩猩之间某些惊人的相似说明两者是有密切关联的，人就是猿类的一个分支物种。但是反过来，到目前为止却没有发现可以进一步支持的证据

生命的见证
与理论的困境

　　为了支持这一理论，达尔文找出了不少现实中与进化相关的实证。其中之一就是人工选择，又称优生学。达尔文坚持认为人类驯养动植物是通过对圈养物种实行强制的选择来实现的。他表示，精心的喂养可以在诸如猫狗、马匹、鸽子以及小鸡（第7页上图）身上产生所需的特征，这一过程与野外的自然选择有不少相似之处。

　　在1831~1836年，达尔文乘坐着贝格尔号环游世界时，注意到很多近缘的物种可以适应一些有着小差异的环境。1835年，在一些外国爬行动物以及加拉帕戈斯群岛鸟类的身上，他发现每座岛屿都有某种特殊的乌龟（第7页下图）以及雀类（下图），这表明了在孤立情况下，自然选择可以让同一个祖先的物种朝着不同的方向发展进化。

　　有两个问题始终存在着：第一，达尔文只证明了横向的进化而不是纵向的进化，物种可以适应某个大环境并随着环境的变化而发生一些改变，但最终乌龟始终还是乌龟，鸟儿也还是鸟儿，因此他的理论还不足以解释某种全新的动植物是如何产生的。第二，对于这种差异，他缺乏可以证明该理论的某种机制。

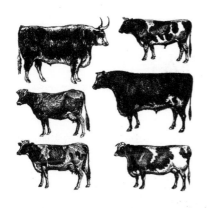

上图：对于牛的选择性人工繁殖已经创造出了成百上千个品种，每一品种都各有优点。养殖它们有些是为了牛奶，有些是为了生肉；有些是因为炎热的自然气候，有些是由于冰冷的山坡场地。鸡也是选择性繁殖的结果，有些是为了鸡蛋，有些是为了鸡肉。为了更好地理解人工选择的过程及获得第一手资料，去了解个体间细微变化传递给整个种群的速度到底有多快，达尔文曾在自己家里饲养过鸽子

左图：加拉帕戈斯群岛上的巨龟。岛上现存巨龟的种类总共有11个，分布于全岛。它们很可能起源于同一个祖先。在干燥的岛上，除仙人掌外，小型生物也同样生长。脖子更长的高个巨龟比矮个巨龟更有优势。与此相应，在这些岛上，仙人掌为了免于被食和生存，比其他地方的仙人掌更为高大，这是进化上的一次军备竞赛。巨龟允许岛上的达尔文雀啄食它们皮肤上的扁虱，此举对于双方都是有益的。这是一个互惠共生关系的例子

创世神话

THE UNSUNG MONK
无名僧人

奇异的豌豆

当达尔文还在疑惑于他的理论时，格里哥·孟德尔（1822～1884），一位摩拉维亚传教士，已经研究遗传学很多年了。起初，在1856年孟德尔通过豌豆的育种试验预感遗传是可以精确预测的。一直到1865年，孟德尔实验了超过29000株植物，并积累了足够的证据，证明通过杂交可以准确预测成对性状（如圆粒豌豆与皱粒豌豆，高茎植物与矮茎植物）的比例。比如，纯种高茎豌豆植株和矮茎豌豆植株杂交只能培育出高茎植株。然而，再用这些植株进行杂交，下一代植株中会出现矮茎植株，而且高茎与矮茎植株之比是3：1。孟德尔得出结论：成对粒子（现在被称为等位基因），一个为显性，另一个为隐性，两者是同时起作用的（见第9页上图）。

孟德尔是正确的，现在我们也知道其他一些物种也有这样的规律，比如当红白两个金鱼草品种进行杂交繁育时也会呈现出不完全显性（第9页下图）。当等位基因为隐性时，就出现共显性。比如由A，B和O三个等位基因决定的人类ABO血型系统，其中，相对于A，B而言，O为隐性，当A，B为共显性时，就会出现O型血。每个人都会遗传两个等位基因，分别来自父母两方，因此最后就会产生A型（AA，AO），B型（BB，BO），AB型或O（OO）四种血型。我们还知道9号染色体上只要有一个位点改变就可以导致O型血与A型血的差别，当然还有更多的东西需要我们继续探究。

达尔文并未听说过有关孟德尔的研究，这些成果的重要性直到1900年才被威廉·贝特森（1861～1926）发现。

显性与隐性遗传：

  杂交繁育
只产生高
茎豌豆

高茎豌豆　矮茎豌豆　　　　　　　杂交高茎　杂交高茎
纯种繁育产生　　　　　　　　　　　第一代（子辈）
高茎豌豆与矮茎豌豆　　　　　杂交产生3：1高矮比例

上图：孟德尔的原版豌豆
实验。如果最初纯种植物的双
粒子是T-T（高大，显性）和
d-d（矮小，隐性），那么其二
代会是T-d，都很高大。在第三
代中，我们注意到，由于T的显
性作用，相等数量的T-T，T-
d，d-T和d-d产生出的高茎豌
豆与矮茎豌豆的比率是3：1

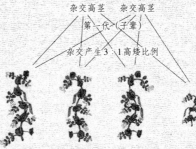

高茎　　　高茎　　　高茎　　　矮茎
第二代（孙辈）

半显性

  杂交繁育
只产生粉
色金鱼草

红色　　　　白色　　　　　　杂交粉色　杂交粉色
纯种繁育产生　　　　　　　　　第一代（子辈）
红色和白色金鱼草　　　　杂交产生1：2：1红白粉比例

上图：金鱼草是不完全显
性的一个例子。如果原始金鱼
草是R-R（红色，部分显性）
和w-w（白色，隐性），其所有
二代都是R-w，粉色，而第三
代显示出红色、粉色和白色的
颜色比率是1：2：1

红色　　　　粉色　　　　粉色　　　　白色
第二代（孙辈）

创世神话

CHROMOSOMES
染色体
基因与脱氧核糖核酸

　　直到 19 世纪末，科学家才开始将显微镜应用于细胞核的研究，希望能够找到支持进化论机制的物质组成部分，还提出了染色体一词来描述他们在细胞核中看到的带条纹的丸状物。通过对细胞分裂（有丝分裂）、配子产生（减数分裂）以及受精的观察，科学家们发现染色体的表达是有组织、有秩序的，很快他们提出，染色体就像携有遗传粒子的条带，携带着大量遗传信息。19 世纪 20 年代，科学家发现染色体中黑色的带子是一条由碱基/糖/磷酸核苷酸组成的链，被称为脱氧核糖核酸或是 DNA。令人惊叹的 DNA 双螺旋结构最终在 1953 年被发现。

　　DNA 是一串由四个字母组成的生命代码，适用于地球上的一切生命，例如，所有有机生命体都以完全相同的方式使用它。不同的物种所含染色体的数量是不一样的（见第 11 页上图），但是所有动物的每个细胞核中都携带着两条染色体，一条来自母方，另一条来自父方，在每条染色体上分隔出来的特殊 DNA 片段则被称为基因。

这是人体的基因所含的 23 对染色体，每个细胞核内都包含两条这样的基因，一条来自你的父亲，一条来自你的母亲。其中来自父亲的 Y 染色体可以决定你的性别为男性

動物 / 动物

動物:
- 3 蚊子 6
- 4 果蝇 8
- 6 家蝇 12
- 12 火蜥蜴 24
- 13 豹蛙 26
- 16 短吻鳄 32
- 20 鼩鼱 40
- 20 松鼠 40
- 22 蝙蝠 44
- 22 鼠海豚 44
- 23 人类 46
- 27 菜园蜗牛 54

- 28 大象 56
- 30 山羊 60
- 32 穿山甲 64
- 32 豚鼠 64
- 32 负鼠 64
- 32 豪猪 64
- 35 骆驼 70
- 37 鸡 74
- 39 狗 78
- 41 火鸡 82
- 66 翠鸟 132
- 104 帝王蟹 208

植物
- 7 花生×2, 14
- 7 豌豆×2, 14
- 7 小扁豆×2, 14
- 7 黑麦×2, 14
- 7 单粒小麦×2, 14
- 7 硬质小麦×4, 28
- 7 软粒小麦×6, 42
- 8 苜蓿×4, 32
- 9 生菜×2, 18
- 10 玉米×2, 20
- 11 菜豆×2, 22

- 11 绿豆×2, 22
- 12 土豆×2, 48
- 12 番茄×2, 24
- 12 大米×2, 24
- 12 辣椒×2, 24
- 14 苹果×2, 34
- 14 绿苹果×3, 52
- 20 大豆×2, 40
- 24 烟草×2, 48
- 41 百合×2, 82
- 630 蕨×2, 1260

如上所示：某些动物和植物染色体的数量。所有的动物都是双倍染色体，这就是说，它们细胞核中的每一个染色体都携带有两个副本。例如，蝙蝠的22个染色体都有父母双方的副本，因此，它们的细胞中就有44个染色体。植物的染色体可以是多倍的，多于两个副本，因而可以是三倍的（三个副本的通常是不能繁殖的杂交植物），四倍的（四个副本），或者，甚至是六倍的

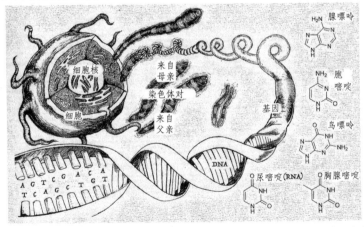

如上图所示：染色体存在于细胞核内，由DNA构成。这种双螺旋结构像一架扭曲的梯子，仅由四个成对的碱基组成，腺嘌呤（简称"A"）总是与胸腺嘧啶（简称"T"）联系在一起，而鸟嘌呤（简称"G"）与胞嘧啶（简称"C"）联系在一起。

如此一来，DNA通过双二进制或四进制的形式，以每两条线组成一个彼此完全相同的副本。几千个基因被一个个染色体分隔开来，重复的非编码DNA创造的长条区域为它们之间创造了空间

THE BOOK OF LIFE
生命之书
四个字母，二十个词

一个物种的基因组就是在染色体上的整个DNA序列。人类的基因组就像是1000本圣经那么厚的烹饪宝典，共有23个章节（染色体），每一章都包含了数以千计的食谱（基因）。每一条食谱都是一种蛋白质，由20个不同的单词（密码子）写成，每个单词又由四个字母组成（碱基）。在每个章节中食谱里会含有广告（内含子），而我们需要挑选出有用的信息（外显子）来做出最终的菜。

当2000年人类基因图谱被绘制出后，科学家非常震惊地发现每个基因中都包含着一页又一页类似gobbldygook这种杂乱字母序列。一些非编码（或"碎片"）DNA序列来源于遥远的破损基因，其他的一些则是重复转录的错误（当DNA对类似TATATATA这样的序列进行反复转录时可能录错数目）。还有一部分是死去的反转录病毒（病毒可以利用反转录酶将自身的RNA复制到宿主的DNA上，使之成为宿主基因组的一部分）。另一组是从反转录病毒而来的基因寄生虫就称为"跳跃基因"。这些无用的小片段几乎可以在每个基因的内含子中被发现，它们大声喊着"到处复制我吧"，传递着化学属性。高毒性的数据小错误如今占据了我们DNA的四分之一，真正"有用的"基因只有3%。

当然非编码DNA也是有它的用处的，它为基因之间创造了空间，帮助转录准确地进行并且可以防止其在交叉时遭到破坏（第13页）。尽管不能表达成蛋白质，但是非编码DNA也可以精巧调节基因的表达，加强或抑制它所相邻基因的转录。

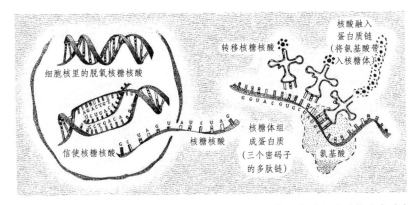

核酸融入蛋白质链（将氨基酸带入核糖体）

转移核糖核酸

细胞核里的脱氧核糖核酸

信使核糖核酸

核糖核酸

核糖体组成蛋白质（三个密码子的多肽链）

氨基酸

上图：在细胞核中，腺嘌呤（A）与胸腺嘧啶（T）、鸟嘌呤（G）与胞核嘧啶（C）共同组成链状DNA，展开并被转录成一段信使RNA（核糖核酸）。除胸腺嘧啶由尿嘧啶代替外，RNA与DNA是完全一样的。这个转录单位读取为三个碱基，它们中的每一个密码子都可以转录为氨基酸。之后，它们被转变成一串氨基酸，也就是多肽链或者蛋白质

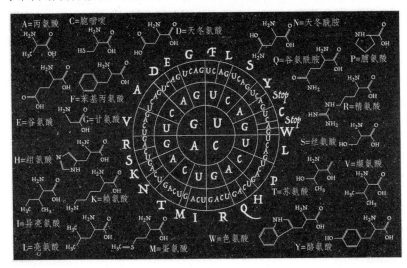

A WORLD OF VARIATION
纷繁的世界
多样化之路

达尔文理论是建立在子孙后代性状变化不大这一理论基础上的。而答案就深藏在配子（精子、蛋或者植物孢子）产生的过程中。

正如孟德尔猜想的一样，产生出一个完整的有机体需要每个细胞核中所有的DNA完全复制，它们分别来自父母的一条同源复制的独立的染色体。当细胞进行减数分裂（见第15页）时，基因在父母双方成对基因间进行剪切交换，不断重组和重新结合，为配子产生全新的染色体，每一条都带有不同的特质潜力（交叉如下图所示）。

这就是达尔文一直试图寻找的产生差异的原因之一。的确，这样的洗牌重组进行得很顺利，但同时还有一些未知因素也在起着作用。在减数分裂期间，各种各样的错误都有可能会出现：错误的复制，偶然的缺失，成倍的复制，偶尔的染色体DNA片段倒位。这些有时发生在基因中，但是更多的出现在非编码DNA中。这些突变往往频率极低，突变偶尔会导致出现有益的结果，当然也有可能导致某些致命的结果。

4号染色体上的基因，简单包含着碱基"CAG"，重复了一遍又一遍。大多数人的基因将此碱基序列重复了6到30遍不等，但如果重复超过了35遍，就会慢慢死于狼赫塞豪恩综合征。另外一个例子是：20号染色体上253个碱基，只要其中一个碱基发生改变，那么就会患上疯牛病。

前期
细胞核中的脱氧核
糖核酸中心体演化
出星体与纺锤体

前期I
母方染色体与父方
染色体开始配对

前中期
细胞核被膜裂开

每条染色体的复制创
造出一条染色单体

染色体/染色单体对
(染色体的精确复制)
附着于纺锤体

母方染色体与父方染
色体之间产生交叉

中期
染色体/染色单体对
在细胞中线位置成列

中期I
重组的染色体/染
色单体对分离开来

后期
纺锤体将染色体与
染色单体分离开

末期I
分裂为两个

在人类中，46对染
色体相互进入彼此

前期II
分裂
中期II

末期
染色体接触到有
丝分裂细胞极并
且细胞开始压缩

后期II
进一步分离

细胞分裂继续
下去

末期II
产生四个单体细
胞，每个都复制
了一份染色体

有丝分裂：细胞分裂

减数分裂：精子或卵子的产生

同期：染色单体开始下一次分裂

创世神话

NURTURING NATURE
培育本能
鲍德温理论与行为性筛选

  1896年，詹姆斯·马克·鲍德温（1861~1934）提出了一个理论：趋利行为最终可以变成生物的本能。他认为习惯、文化甚至是化学因素都可以极大改变基因的构型。詹姆斯的这一观点领先于他的时代，并有力地预测了现代迷因学（第42页）和表观遗传学（第18页）的建立。

  有机生物体携带的基因使它们倾向按照特定的方式发生行为（并且是在特定的时间以特定的方式）。当周遭环境发生改变时，个体也一定会尽可能地获得一些新的有用行为方式以适应新环境，并将这些新的行为方式不断巩固加强以便更好地繁殖（见第17页）。

  一部分人认为行为习惯主要由DNA决定，还有一部分人则认为是后天学习所得，而这个争辩也变得越来越激烈复杂。如今，人们认为很多的本能行为需要适当的外在环境激发。例如，野生猴可以从母亲身上学到对蛇的恐惧（可能母猴看到蛇时会尖叫）。当成年猴子在小猴子面前交流恐惧感时，对蛇一无所知的小猴子就可以很快明白蛇是可怕的。

  但是当成年猴子通过训练对花产生恐惧之后（不用问如何做到的），再被带到囚养的小猴子面前时，即使它可以对着花朵恐惧地惊叫一整天，小猴子也不会被它的恐惧感染，而是只会看着成年猴子觉得它似乎疯了。花朵本身并没有使人产生恐惧的能力，但是蛇却有。很多遗传的本能正是这样起作用的，这种本能原是潜伏的，一旦触发便会显露出来。只有在正确的时间通过某种合理的方式进行刺激才可以唤醒这些本能。

　　上图：一群刚从小池子里孵化的青蛙试图过河。由于不同青蛙有不同的倾向性，这让它们做出了不同的选择，有的爬过一段原木，有的跳过睡莲叶子，有的跳上头顶的树枝

　　上图：自然选择有其自己的方式。行为倾向上的轻微不同帮助青蛙学会了爬树。其他的则成为河中捕食者的牺牲品。爬上树的青蛙可以成功繁殖后代

　　上图：有用的行为倾向传播到整个基因池并变成本能。新的行为倾向与其他的演变开始出现，进化过程重新开始

EPIGENETICS
表观遗传学
相同的基因，不同的表现

1942年，康拉德·哈尔·沃丁顿（1905～1975）阐述了一种新学科，表观遗传学——生物学的一个分支，研究基因与个体表现性状之间的因果关系。今天该术语用来描述从父母遗传而来的遗传性状，是对某些特定基因的描述（小的遗传标记粘连到父母的DNA上，这一过程叫做甲基化作用）。尽管在每个细胞核中都有整个父母DNA的复制体，但是只有很少一部分基因是有活性的，或者是在某个特定的时间在某个细胞中被激活。血液中有数百万计的细胞。拉马克学说的机制就是要去发现和记住哪些基因是被激活或是沉睡的，这样精子或蛋就可以携带遗传特定的父母遗传性状。

环境条件、饮食以及污染都对后代基因组的改变有着影响。一个人今天做了什么真的会影响到他若干代之后子孙的基因。表观遗传的过程就像被嚼过的口香糖粘连到了DNA触发器上，这块口香糖在任何时候可以是开的也可以是关的，限制了基因的表达。如果口香糖与基因都是被激发状态，那么基因就停留在激发状态直到这块口香糖被清除（有永久的影响），反之亦然，并且以上两种状态同时存在。

表观遗传学揭示了情感、恐惧、瘾性、其他一些触发因素及荷尔蒙波动（如进入动脉的化学酒精）都可以通过这一过程传给子孙后代。另外，哪怕你只是简单地去思考一些事情可以影响到DNA的表达。

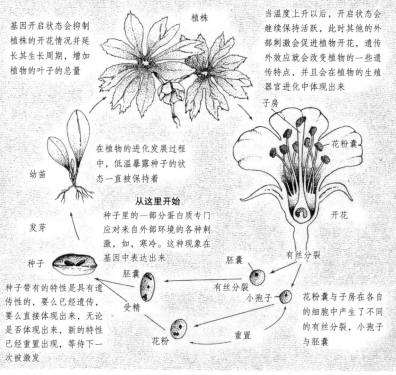

基因开启状态会抑制植株的开花情况并延长其生长周期，增加植物的叶子的总量

植株

当温度上升以后，开启状态会继续保持活跃，此时其他的外部刺激会促进植物开花，遗传外效应就会改变植物的一些遗传特点，并且会在植物的生殖器官进化中体现出来

子房

花粉囊

在植物的进化发展过程中，低温暴露种子的状态一直被保持着

幼苗

发芽

从这里开始

种子里的一部分蛋白质专门应对来自外部环境的各种刺激，如，寒冷。这种现象在基因中表达出来

开花

种子

胚囊

有丝分裂

胚囊

有丝分裂

小孢子

有丝分裂

种子带有的特性是具有遗传性的，要么已经遗传，要么直接体现出来，无论是否体现出来，新的特性已经重置出现，等待下一次被激发

受精

花粉

重置

花粉囊与子房在各自的细胞中产生了不同的有丝分裂，小孢子与胚囊

上图：表观遗传学是针对基因表现而进行的研究。一定时期内，基因是保持不变的，但它们的特殊表现受到多种因素的影响，并能够遗传给后代。基因的开启和关闭取决于充满整个系统的蛋白质和荷尔蒙的混合物，此外，还有它们对混合物的敏感性。上例中，植物种子暴露在寒冷中的化学反应会被遗传给其后代

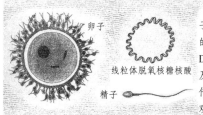

卵子

线粒体脱氧核糖核酸

精子

左图：尽管父亲的DNA可以传递给孩子，却只有核DNA成功了。线粒体（细胞中的细菌学能源）DNA和植物中的叶绿体DNA，细胞内液体和液泡构成的化合物，以及围绕和支撑细胞核的大部分环境都只能遗传自母亲一方。因此，母方能传递更多的表观遗传触发可能性给后代

THE RED QUEEN
红皇后
进化军备竞赛

所有的物种永远都在与其他物种竞争资源，而结果就是物种需要不断进化来维持生存现状。相对于猎食者与猎物而言，前者有着更加锋利的牙齿和奔跑速度，导致后者为了生存而会进化出更厚实的外壳以及奔跑更快的四肢。这一观点首次由利·范·瓦伦于1976年提出，并将其命名为红皇后效应，该词来源于刘易斯·卡罗尔的作品《镜子世界》，当红皇后对爱丽丝说，"你只有尽全力奔跑，才能保住原本的位置。"事实证明永恒不止的运动是进化论的先决条件。因为环境条件总是在不断变化的，因此其中的各种有机生物体也需随着外界的变化而变化（见第21页例子）。

性在战胜疾病中的作用就是一个典型的例子。疾病侵入细胞之后，要么吃掉它们（真菌或细菌）要么改变基因运作机制（病毒）。它们通过蛋白键进入，成功攻入是能够得到快速传播的关键。性，与克隆截然相反，产生出来的孩子是互不相像的，并有众多的限制可以使寄生虫难以选择。例如，亚麻树有27种5组不同基因，这可以帮助其抵抗锈菌的侵袭，每个个体都有不同的组合。抗性基因的功效也变得重要起来，但是寄生虫会产生相应的变化使抗性对它们无效，随之寄主又会产生新的抗性基因，当然寄生虫也会产生相应变化，就是如此反复进行下去。

进化的步伐不是一成不变的。突变强调的是基因形态学的突然变化，从而导致进化树出现分支，然而渐进进化强调的是，随着时间发展，物种的自然选择过程和微妙精细的环境适应过程。

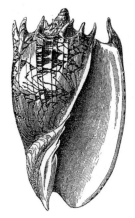

上图：许多生物系统中的捕食者与猎物都卷入了军备竞赛。例如，数百万年来，许多软体动物进化出了厚厚的甲壳和体刺以避免被蟹类和鱼类捕食。反过来，捕食者则进化出强有力的爪子和颚去对抗蜗牛厚厚的甲壳和体刺

左图：在植物与昆虫的军备竞赛中，植物进化出使昆虫排斥或对昆虫有害的化学剂，这些都被自然选择所青睐。但是，基因的传播增加了昆虫种群的压力，进而帮助昆虫进化出克服植物防御手段的能力。相对应地，这增加了植物种群的压力，任何进化出更强化学防御能力的植物将更适应自然。反过来，这就又给昆虫增加了更多的压力，如此循环往复。这种防御与反防御的水平永远在逐步增强，任何一方都不会获得最终的"胜利"

SPECIATION
物种形成
罗斯，别和那些小孩一起玩耍

　　科学家们谈到的物种形成，就是指一个物种的两个或更多的群体被分隔开，并且向着不同的方向演变，直到变得完全不同，相互之间不能够再繁殖，此时新的物种也就产生了。形成的新物种是由群体中的一部分被隔离和随后重新适应环境的那部分组成的。就人类来说，很有可能是某些事件提供了一种选择压力。两个祖先猿类短会色体在一个单独的个体和一个孤立群体中相互融合形成了一条新染色体（如下图）。今天的黑猩猩仍旧有着原先的24个染色体。

　　达尔文努力解释在没有实体隔离或阻碍干涉的情况下，新的物种是如何由单个的原始物种发展演变而来的（异地物种形成）。事实上，从遗传学角度，就亚种的不同习性和倾向性来说，自我隔离是很有必要的。丽鱼科就是一个很典型的例子。假设有一块贫瘠的土地将一个丽鱼种群频繁出入的栖息地一分为二，那么，为了保证更高的存活率，丽鱼很可能会选择待在这两个栖息地之内。随着时间流逝，自然选择使这两个丽鱼群向不同的方向进化，直到它们变成亚种。并且，最终两个亚种会完全分离，不可再杂交。

上图：人类的猿类祖先被一条巨大的裂缝分隔开。孤立种群的单独突变将两段染色体融合在一起（约600万年前），结果导致了新物种的形成

第22页图与上图：由隔离引起的物种形成。

上图：猩猩的祖先结伴越过年轻的刚果河。这条河的河床拓宽后将其分成了两个种群。这两个种群进化成了能够利用工具的普通现代黑猩猩和与其有着血缘关系的倭黑猩猩

上图：池塘中的物种形成。经过演化后的鱼更喜欢生活在睡莲叶子下面。生长了睡莲的一块新区域横贯整个池塘。鱼群对穿越两个地区的空白地带并不感兴趣，因而它们会单独进化

上图：混合种群中的物种形成。多种大小、颜色深浅不一的鱼类开始发展出适应它们体形、颜色的性偏向。最终，两个有着明显区别的物种进化形成了

THE MIGRATION OF GENES
基因的迁徙
走出非洲

就大的范围内而言，物种的基因池是如何运作的呢？变化常常出现在由物理和行为因素隔离的地区，以至于地区性亚种群成为新基因信息的"热点"。当个体之间探索、游离、相爱的时候，基因也可能在物种间游移。

化石记录显示，人类的进化史是由"热点"和无处不在的游移组合而成的。这在某些时期进展比较顺利，而在其他的时期却非常艰难。热点导致了人类种族的形成，可以看到，基因在这些种族间的普遍游移导致了有关联的、共同的基因特征。

基因的研究使绘制多样性的人类染色体图成为可能。例如，圆形线粒体DNA只能由母亲那儿遗传，这就避免了细胞减数分裂的重组，并且，后代的圆形线粒体DNA是几乎保持不变的。线粒体DNA的研究揭示，99%的欧洲人仅是生活在最后一个冰川期欧洲的不同时代和不同地点7位女性的后裔（被称为"宗族母亲"）。就全球而言，我们已经知道，所有的人都是两百万年前生活在非洲的同一位女性祖先的后裔。

相似地，对于只由父亲那里遗传给儿子（事实上，这也是不变的）的Y染色体研究已经揭示，99%的欧洲人是生活在最后一个冰川期的5位男性（氏族父亲）的后裔。我们也已经知道，现今所有人都是同一个7万年前生活在非洲的男性的后裔。

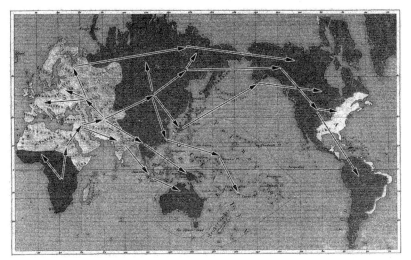

上图：对线粒体DNA和Y染色体DNA的研究已经揭示了约6.5万年前人类沿着东北方向离开非洲的路线图。人类祖先们曾经分开过，有的向南，其他的先向东然后再向西北方行进。大约4万年前，欧洲形成了人类的聚居群落；美洲的人类群落大约在2.5万年前形成。

上图：研究已经揭示，我们人类是极少数祖先的后裔。例如，北美土著居民的Y染色体已经揭示，南美洲85%的土著居民和北美洲一半的土著居民都是某个美洲土著人的直系后裔。

025

起源与协作

自万物之始

　　地球上的 DNA 链和 RNA 链的来源仍然是一个谜。它可能来自其他地方，尽管如此，在宇宙的某个地方，核酸也一定是从一片原始的污泥中变化出来的。这很可能是在雷击水凝胶时，或在深热的裂缝中、地下或者水底产生的。脂质双层是细胞壁的基本机构，它自发地从磷脂质中形成。而且，为产生这些脂质双层，核酸链也可能有了正确的代码。这样，第一个有机物就产生了（如下图）。直到它的无性繁殖个体与变异体开始相互合作和竞争，成倍繁殖就开始了。像细菌和古生菌（这两种原核生物，见第 50 页）这样的单细胞生物间的共生关系（见第 28 页）正常化起来。当开始在一个细胞核内共享 DNA 链时，细胞群最终产生出了更多的多细胞生物（真核生物，见第 52 ~ 57 页）。

　　因此，生命故事的精髓就在于既相互合作又相互竞争。重点是，细胞特化出不同的功能，这与人类相仿（实际上，人类文化的独特性是因其专门化或者说劳动分工而具有的）。通过尝试新类型的细胞、形态、合作关系和能量来源，DNA 的携带者成功地离开了它们的原生水域，并在广袤繁多的栖息地生存了下来。它们也总是随处携带着当前成功的 DNA 码样本。

创世神话

PARASITISM AND SYMBIOSIS
寄生与共生
人类的问题

许多生物体与其他生物体之间存在着共生和寄生的关系。寄生是只有一个物种受益，而共生则是彼此受益。例如，壁虱、跳蚤、蠕虫类对于寄主毫无益处，它们只是自己获得所需的能量；而人类肚子里的细菌在帮助我们消化的同时，它们获取自己所需的食物。尽管某些致命的细菌和病毒（如下图）和它们的寄主似乎都是双输的状态，但在双方死亡之前，这些细菌和病毒会感染上新的受害者。

某些复杂共生关系会产生出复合生物。例如，僧帽水母看起来就像是普通的水母，但它其实是一个由两种动物复合而成的生物。它的机体其实是由处于共生关系的不同有机生物所组成的。又例如，地衣是由两种植物复合而成的，它一部分是水藻，一部分是真菌。也有由动植物复合成的生物，例如，颠倒水母（见第27页左上角），它是包含了藻类群体的水母。

人类越来越可以被看作是与地球上大部分生命体有寄生关系的生物。与此同时，我们也与水仙花、苹果树、狗、牛、鸡、稻科植物乃至其他一些物种处于同一个共生关系之中，而后者的繁盛更是以牺牲其他某些物种为代价取得的。

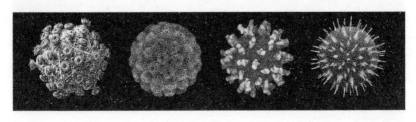

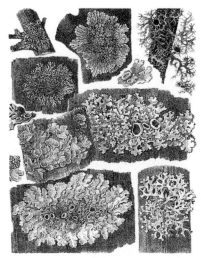

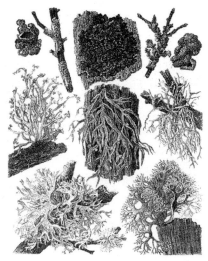

上图和第27页右上图：地衣的不同种
类。地衣是构成共生关系的复合生物，这种
共生关系在真菌与光合作用物质之间产生，
光合作用物质从阳光中为地衣获取生长物质

左图：僧帽水母。这是一种管水母目动
物，它是一个有着特殊的息肉和类水母体的
菌落

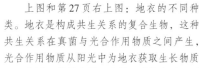

下图：家庭跳蚤。这是一个寄生虫的例
子。这种寄生虫从不给宿主带来好处，而是
从宿主身上获取全部的食物

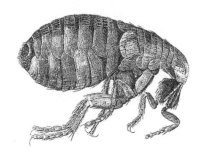

KIN KINDNESS
亲缘的友善
人人为我，我为人人

许多生物在保护它们亲缘关系的基因乃至整个种群上表现得大公无私。由于对自然的适应性可以在种群水平中表现出来，所以在进化的过程中利他主义会表现得富有机制性。尽管在一个种群中个体的自私行为往往能够击败利他主义，但利他主义种群会普遍地打败自私的种群。利他主义行为能确保幸存种群的生物基因和文化基因保留下来。

对于群居的昆虫（蚂蚁、黄蜂、蜜蜂、白蚁）来说，不孕的工虫尽管没有繁殖能力，但它们会将全部生命用于服务女王。吸血蝙蝠（见第31页上图）会在归巢途中与它们饥肠辘辘的同伴分享食物，但它们会做记录，并期待其归还。利他主义有很多行为上的警句格言，如"家族第一"，"帮助他人即帮助自己"，"人多保险"，"照顾生病和年老的同类"，等等。黑长尾猴有时会置自身安全于不顾给没有注意到捕食者的同伴发出警告。为了扩大亲族感，狗偶尔也会收养无家可归的猫、松鼠、鸭子等动物。海豚偶尔也会帮助它们生病、受伤、为求生而苦苦挣扎的远亲。

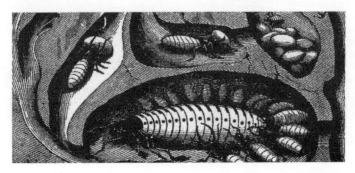

　　上图：吸血蝙蝠展示出一种典型的利他主义和互惠原则。它们有意每晚都栖息在同一个地方，知晓彼此。如果它们的帮助有很大的获得回报的可能性，它们就会反刍血液给它们饥饿的邻居。同样地，长尾黑颚猴会给曾经帮助过它们的同类以帮助

　　下图：海象会收养和养育来自其他家族且双亲已亡的小海象

创世神话

SEXUAL SELECTION

性别淘汰

吸引力与美丽的外表

大多数复杂物种选择有性繁殖使自己变异得更完美。甚至无性繁殖的物种为了避免繁殖停滞也会偶尔采用一定形式的有性繁殖。无性繁殖（无减数分裂或有丝分裂）或单性生殖（无雄性受精）的物种不会产生遗传变异，而变异对于有效的自然选择是必要的。

为了确保DNA通过数以亿计的精子获得广泛的传播，某些动物种群中的雄性会希望与尽可能多的雌性进行交配。同时，雌性为了后代的生存不得不付出大量的精力，这使得它只有很少的机会传播它的DNA。由于雌性只能有极少数的后代，所以它一般是根据自己的兴趣来寻找最有效的DNA，这样的结果使它比雄性更加的挑剔。所以它会选择高品质的或是诱惑力大的雄性。这往往会导致惊人的结果。

典型的例子是雄孔雀的尾巴（见第33页）。除了雌孔雀会觉得雄孔雀是性感的，对于雄孔雀而言，在各个方面尾巴都是个累赘。由于有着最整洁和最有诱惑性的外表，优质的雄孔雀才得以传递它的基因。

雌性孔雀鱼认为色彩斑斓的雄性极富诱惑性，尤其是那些有着明显颈圈的雄性。性选择产出了很多色彩艳丽的鱼群，但逐渐闯入的捕食者能够轻易地捕捉到这些艳丽的目标，因此，自然选择会留下色彩暗淡的那一部分。

锹形虫（见第33页）过大的上颚并无什么大作用，只是雌性性选择的结果。雄性锹形虫用此来互相打斗以获取雌虫的芳心，最终，雌性锹形虫只与获胜者交配。

CONVERGENT EVOLUTION
进化趋同

必然的选择

　　由于物种会适应并填补尽可能多的生态位，所以变异会逐渐产生进化趋异现象。然而，事实证明，当需要解决如何飞得更快更高（如下图所示）或者看得更远更清（见第35页上图）这些问题的时候，通常完善的解决方案数量十分有限，因此许多物种有相似的原因。如果物种之间没有直接的亲缘关系（例如，由相同的DNA表达），但是其相似的特征已经各自完全进化形成，这种现象叫做进化趋同。

　　进化趋同可导致物种整体相似和单一相似的特征。在有袋类和胎盘类哺乳动物中，相应的物种尽管基因上相隔很远，且已经在不同的大陆上适应并填补了相似的生态位，但它们普遍都是大同小异。例如，头足纲动物和脊椎动物的单一相似的特征是它们的眼睛。它们眼部的DNA编码是不同的，而它们的眼睛无论是在结构上还是在功能上则是完全相同的。它们在摸索改进中，通过一次又一次的进化来找到相同最有效的解决办法。

左图：世界上三个不同的地方，众多不同眼睛中的三种眼睛已经完全进化为三种不同物种的一部分（康韦·莫瑞斯之后）

最上面是人类的眼睛，可以调节改变晶状体的形状。中间是章鱼（一种头足纲软体动物）的眼睛，通过前后移动晶状体定焦。底下是海洋环节生物的眼睛，这是一种蚯蚓的亲缘动物。它们的晶状体独立进化，如水母、妖面蛛、异足蛛目蜗牛，等等

图 视神经
■ 视网膜
▮ 色素层
▮ 核层

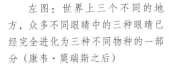

第34页图及下图：趋同进化的几个例子。在解决问题的所有可行方法中，只有其中一些有用，也只有其中一小撮是真的有用且有效。无论是发现了对光产生反应的化学物质——一种有效的推进方法，还是加强在水中拉力的外形，这些可行的方法还是数量很少的，并且产生的结果也很受限制。这种理论与柏拉图完美外形、完美方法是不同的

上图：有袋类哺乳动物独立进化与无袋类哺乳动物相似，出现了有袋的鹿（袋鼠）、有袋的松鼠（考拉）、有袋的兔子（袋狸），还有老鼠等

上图：鲨鱼与鳄鱼都是接近完美的形态，在过去的一亿年间只有一些很轻微的改变。坦噶尼喀湖中的生态位在进化中变得跟大海中的生态位十分相像

DEATH
死亡
以及其他有益的疾病

对所有生物体来说，死亡是不可避免的。然而，从理论上说，细胞可以无限复制（在实验室中它们可以存活数十年），并可以保持细胞体的活力，那么，为什么它们被设定停止？每个细胞取代自身都有着特定的次数。每一次细胞的复制过程都会使染色体（染色体端粒，第37页上图）保护性尖端缩短一点，就像保险丝一样，当它消耗完后，衰老和死亡也就随之而来。随着我们日益衰老，DNA 的错误也在不断累积，而死亡终止了错误 DNA 的传递。性与死亡推动着进化的进程。因此，女性在出生前安全地产生了所有的卵子，同时，随着年龄的增长，男性的精子也会充斥着越来越多的错误。即使是长寿的龟（150年）和鳄鱼（100年）的基因偶尔也需要从它们的基因池中获得更新。

一些疾病也能带来好处。镰状细胞贫血就是一个很好的例子，它可以抵制疟疾（见第37页下图）。

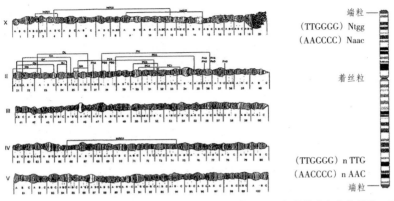

端粒 ———

(TTGGGG) Ntgg
(AACCCC) Naac

着丝粒

(TTGGGG) n TTG
(AACCCC) n AAC

端粒 ———

上图：在染色体的顶端有一段被称为端粒的重复DNA，保护着染色体的顶端。无脊椎动物，以及真菌甚至黏液菌，反复重复的主题是TTAGGG。重复的数量各不相同（人类大概有1000种不同的重复类型）。细胞每次分裂，拷贝机制都会遗失一些重复片段并缩短染色体的长度。当染色体不断缩短直到消失时，细胞就不能复制再生只能死亡了。因此死亡也是整个生命过程的一部分

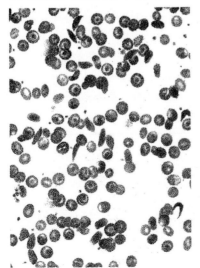

左图：镰状细胞贫血是一种基因遗传病，由于红细胞出现了镰状畸形，抑制肺部的气体交换，因此会减少寿命。既然这种疾病会减少病者寿命，那么为什么还会继续存留呢？答案就是这种红细胞缺陷可以抵抗蚊子（上图）传播的疟疾，因此在疟疾死亡率高于镰状细胞贫血死亡率的地方，人们会比其他地方的人更容易患上镰状细胞贫血

模仿与伪装

它们带来的优势

MIMICRY AND CAMOUFLAGE

许多动物都会利用自然的视觉语言，比如：把它们自己伪装得看起来比它们实际上更危险来吓退捕食者，或者与背景融为一体，从捕食者饥饿的视线中消失。

伪装是一种拟态形式，动物通过进化获得模仿它们周围的环境的能力，无论是捕食者还是猎物，这种能力都使得他们能够更好地在自然环境中生存下来。合适的外表和适当的行为往往能让动物获得很好的伪装效果。

物种的互相伪装则是另一种伪装形式。贝氏拟态，是指无害物种伪装成有害物种。例如，黄蜂是有害的物种，它们有着黑黄两色的警戒（警告）条纹。一些飞蛾、甲虫、食蚜蝇就伪装成它们，结果鸟类因为惧怕被蜇而避开。在缪氏拟态中，物种间为了互惠互利而相互伪装。这在有着相似性标志的热带蝴蝶身上体现得很明显，对鸟类来说，它们全都难以下咽。默顿斯拟态是指，致命的猎物伪装成不那么危险的物种。这是因为它们剧毒无比，咬到它们就会让捕食者一命呜呼，所以捕食者甚至从来没有机会学会避开。某些致命的珊瑚蛇就会伪装成其他不那么有害的蛇类（见下图）。

我们有时也可以在植物身上发现伪装行为。一些热带藤本植物的叶子上有假的蝴蝶卵，这样一来雌性蝴蝶就会把真卵下在其他地方。

王蛇=无害　　珊瑚蛇=致命　　亚利桑那州珊瑚蛇=有毒

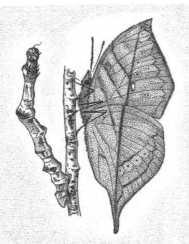

食蚜蝇

黄蜂

蜾蠃

上图：贝氏拟态与缪氏拟态。无害的食蚜蝇有着类似于黄蜂的刺，这就是贝氏拟态的一个例子。蜾蠃与黄蜂不同，具有警戒性的条纹，这就是缪氏拟态的一个例子

上图：聪明的伪装。左边是角尺蛾幼虫，由于进化使得其可以伪装成树枝的样子。右边为东洋蝴蝶枯叶蛱蝶，由于进化使得其可以伪装成枯叶的样子，从而避免被捕食

上图与左图的伪装状态：马尾藻杂草鱼进化出了非凡的斑纹、突起与附体，在长有马尾藻海草的海域，它们藏身于漂浮的马尾藻海草中，使得猎食者很难辨别出它们

这是不可能的

大自然是如何做到的？

　　有时，进化理论的反对者会指出某些特征似乎已经否定了进化过程的可能性。捕蝇草的肉食性叶子和哺乳动物的眼睛就是很好的例子。他们争论认为无论它们有用与否，都不会是半路进化出来的。

　　但是，逆向设想一下进化论。哺乳动物的眼睛仅仅是一个由液囊构成的视网膜前晶状体。假设液囊正变得越来越小，晶状体最终会粘连到视网膜上，之后晶状体和视网膜融合在一起，并且感光细胞数量将只有一个。那么这样产生了简单的眼睛，许多不同生物体都有这样的眼睛。它仍能察觉到周围的活动，比如前来的捕食者挡住了光线。

　　就捕蝇草叶子而言，假设移除它的触发机制，它可能仍会诱捕偶尔累了的老苍蝇，但是假设捕蝇草的齿叶合拢得相当慢，那么现在它的叶子会分泌一种捕捉猎物的胶体。再往更早时期看，如果指状附属物减少且叶铰链消失，那么，叶子就只能通过卷曲来折叠收缩。在此之前，表面黏着的物质可能是优化形成的在毛状突起上的水滴。毛毡苔的叶子就是这样形成的。

人类从猿类演变而来的漫长进化史似乎存在一些至关重要的因素。工具的使用以及男女的劳动分工使得个体在某种程度上越来越独立专业。人类单配制的习性使得大量的男性与女性得到繁殖，也进一步巩固了特化作用

左图：捕蝇草。这是一个典型反进化论的有机体。这种植物究竟是怎么来的？答案：经过数代进化与改善，一些偶尔出现的剧烈突变，带着某些优点被遗传给后代，当然同时一些缺陷也被留存下来

MEMES
迷因
自我复制思想与文化病毒

理查德·道金斯在1976年发明了迷因的概念来作为文化的基因，用生物进化论来帮助更好地理解文化的进化。他把文化基因定义为存在于迷因池中的文化信息单位。

迷因从人的想法或新的发现中被揭示出来，其存亡取决于它们被个人感受到的价值。迷因也可以在文化模式中表现出来。也许个人对独特的打扮、就餐或跳舞方式的选择，会表明一种文化信息的排列组合。这种文化信息的排列会提供不同的益处给每个接触到它的人。当这信息给个人和他们的群体带来反馈时，其作用就会传播开来，亚文化也由此形成。

研究迷因的迷因学描述了时尚是怎样产生和消退的，其方式好比滤过性毒菌式或传播式效果。其他迷因学形态的例子包括文字、歌曲、惯用语、信仰、潮流、习惯等。迷因基因合作进化，或角逐遗传理论解释了"生态"在我们做事方式形成过程中的作用，以及这些做事方式对基因的影响。在西方，乳糖容限的吸收适应，包括牛奶耐受性增加在内的乳糖受限的提高，只是其中的一个例子。

其他理论认为是一些陌生的力量在起作用。鲁珀特·西德瑞克在1999～2005年的研究中展示出，许多人当被别人盯着看时，自己会有所感觉。他的形态回应理论提出的相似的想法有时会瞬间在相似形状的主体之间传播。迷因能够在意识之间传播，就像量子能在全息的宇宙中同步。

左图上：迷因随处可见，影响了很多你的行为

右图上：就像基因一样，几百年之后依旧能完好无损地存活下来

左图中：一些迷因通过潮流服饰以及说话方式来表达自我

右图中：其他的一些被广告商与政客灌注到这个社会之中

左图下：迷因可以转移我们的注意力

右图下：动听美妙的民谣也是一类良好的迷因

ACCELERATED EVOLUTION

进化加速

基因工程与自身演变之密码

迄今为止，人类是大地女神盖亚殖民统治星系最好的选择。我们还会变得更聪明吗？或是文化基因可能选择对抗大脑吗？（发达的肌肉可以使大脑变得感性）我们能够在小行星碰撞中幸存下来吗？在不久的将来，基因工程（第45页下图）可以加速物种的进化，并且可以增加寿命、完善特征和产生新的亚种。如果结果证明我们不是盖亚最好的选择，那么她也许会另作打算了。我们星系最终的殖民者可以从一些其他来源进化，而并不一定是猿类（例如海豚，第45页上图）。

计算机科学领域也有效应用了进化论。动态程序产生随机变化的子，之后这些子被选择用于研究行为靶点。通过这种方式，运用非人工编程的先进演算方法，机器人就可以毫不费力地学会行走、优雅飞翔、快速爬行和蠕动。

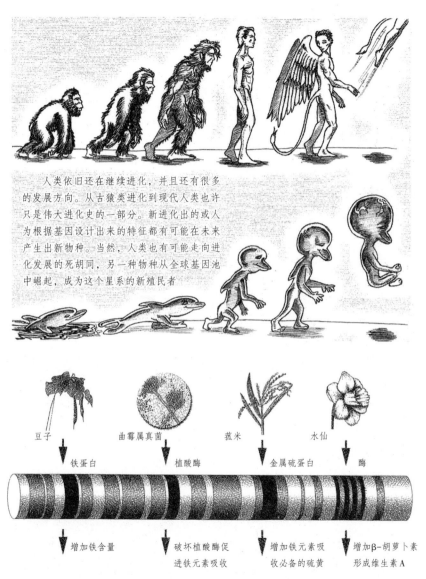

人类依旧还在继续进化，并且还有很多的发展方向。从古猿类进化到现代人类也许只是伟大进化史的一部分。新进化出的或人为根据基因设计出来的特征都有可能在未来产生出新物种。当然，人类也有可能走向进化发展的死胡同，另一种物种从全球基因池中崛起，成为这个星系的新殖民者

豆子　　　　　曲霉属真菌　　　　菰米　　　　水仙

铁蛋白　　　　　植酸酶　　　　金属硫蛋白　　　酶

增加铁含量　　破坏植酸酶促　　增加铁元素吸　　增加β-胡萝卜素
　　　　　　　进铁元素吸收　　收必备的硫黄　　形成维生素A

上图：转基因大米，为专门针对发展中国家缺乏铁元素及维生素A而改造

EXTRATERRESTRIAL LIFE
地外生命
是否存在

在可见的宇宙中，大约存在着100万亿颗恒星，因此可能存在着大量适合生命生存的星球。地球已经存在了46亿年，地球上的生命要么是独立进化而来，要么就是从彗星冰尘或是宇宙尘埃中的细菌进化而来（著名的生物外来论），生命的形成也仅仅只有6亿年。这些过程很可能已经在其他地方发生过（或是正在发生）。

DNA不是唯一存储大量生物信息的方式，尽管它是其中最有效的一种。和我们已知的版本相似，生命可能存在于硫黄或是硅酸盐中。其他结构形式的核酸结构可能已经使自己转化成细胞，并在宇宙中的其他地方开始进化了。

尽管内在特征上存在差异，外星球其他不同的生命形式很可能表现在我们所熟悉的外在可见方面，如基因库为我们找到了最适合生活的站立、进食、收集阳光、观察、飞行、游泳和跑步的方式。随着趋同性进化的大规模进行和同源生物填补了地球上那些等效的生态位，经济规则在形式和功能上的类似导致了我们对于周围星球上奇怪的生物有着熟悉感。引力的变化或许会使腿变短，变粗，或更长，更细，但是腿仍然是腿，可以工作的腿，就像眼睛一样，拥有"最佳"的设计。

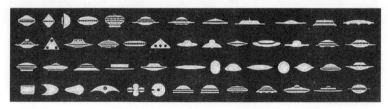

　　上图：一幅看上去不太真实的外星生物图景。这些生物很少有能正常行走、观看或在行进方向上捕食的能力。大部分都有无用的附属器官与肢体。自然选择基本不会产生出这种笨拙繁冗的生命形式

　　下图：一幅看上去略微真实一些的外星生物图景。在液体中游动的生物长着鱼的样子。食草动物看起来很像地球上的马和松鼠。能朝前看的双眼以及对称的背腹性在地球生物身上极为常见

THE EVOLVING BIOCOSM
演变的生命宇宙论
与宇宙人类学法则

我们把宇宙研究得越深入，一个简单的事实就变得越奇怪。事实证明不仅地球，整个宇宙都几乎是与生命完美匹配的。物理常数是空间和物质结构的基础，它令人难以置信地把鱼、树木以及与我们类似的事物（第49页例子）间的相似度成功调整到了最大化。如果任何物理常数变得不一样，哪怕是微小的不同，宇宙中就不会有生命存在。这被称作"宇宙人择原理"，是大爆炸宇宙学最古老的研究成果之一。

人们对这个问题的回答只有三种。第一种回答认为这种巨变是无意义的巧合，第二种观点认为这个宇宙是无数宇宙中的一个（适合生命存在的一个），第三种认为巨变一定事出有因。

2003年，詹姆斯·加德纳提出了一个新奇的观点。他认为我们观察到的这种漂亮的微调（或由此涌现的现象）可能是一种结构性基因在起作用。这种结构性基因会从单亲或双亲那里遗传到孩子身上。生命和生命形式因此能够自觉地保持发展和进化，直到整个宇宙变成一个超个体。就像所有生物为其后代所做的一样，这个超个体能设计或传递一系列设定好的常数，通过大爆炸形成新生的宇宙，为生命产生与存在的概率提供了最大保障。

对于这个观念，达尔文会有何想法和评价，我们只能去猜测。但看到自己的理论仍然适合不同的目标，适应变化的环境，并且可以放诸于整个宇宙的多样性、可遗传性、自然选择性之中，达尔文也许应该会暗自高兴吧。

宇宙的完美之处
很多对生命有利的参数设定要回溯到宇宙大爆炸时

1.引力比电磁力弱10^{36}倍。如果引力哪怕只是稍微强一点点，那么恒星、行星甚至星系都会变得很小很小，而且寿命很短，那就不可能出现生命。

2.如果核力（将原子与原子核聚在一起）减弱0.1%，那么氢以外的任何物质都不会在宇宙中形成。反之，如果增强0.1%，那么大爆炸之后质子会取代一切，耗尽整个宇宙中的氢。

3.如果宇宙的膨胀速率（取决于众多其他因素）哪怕比现在只慢一点点，那么整个宇宙就会迅速重新坍缩。反之，如果哪怕快一点点，那么星系与星球就不会凝聚成型。

4.如果早期宇宙的不规律性与波动再多一点，那么今天的宇宙可能就是一个十分混乱的场所。但如果早期波动稍弱一点，那么今天的星球可能更脆弱，甚至根本就不会形成。

附录 I — 原核生物

APPENDIX I — PROKARYOTES

第51页图片展示的是地球上的生命之树。地球上有两种生命的基本域。第一种正是本页的主题，没有核子的单细胞微生物，称为原核生物。原核生物分为重要的两类：细菌和古生菌。第二种是含细胞核的多细胞生物和细菌（通常是线粒体），它们通常被称为真核生物。

尽管身体微小，原核生物的种类远远多于真核生物，因为进化给它们提供了许多生态位安身。大部分这些独立生存的微生物或细菌与其他有机生物共生在一个环境里（或在其他生物体内），并且它们生命周期短（通常每20分钟会分化一次），这使它们能够快速变异。其他的原核生物（特别是古生菌）曾经一度生存在地球上更为严峻的环境里——其中一些在盐晶体中存活了约2.5亿年。古生菌结构简单意味着它们既非植物也非动物。古生菌没有细胞核，其DNA在细胞壁内是松散的，而且它们能自由和其他古生菌交换，这意味着大部分古生菌可以被看成球状超级生物体中的细胞。

细菌有惊人的多样性。一些能创造出孢子或单纤维，其他的能在黑暗中发出红光，一两种能将乳状物变成酵母乳。它们的类别系统并不完整，下面是其中一些，共十二大类：产水菌门、异杆菌门、蓝藻细菌、变形菌门（1650不同的种类）、厚壁菌门（2500种）、螺旋菌、拟杆菌、黄杆菌、棱杆菌门、热微菌门、绿菌门、鞘脂杆菌门。

甚至还有比原核生物有着更简单结构的病毒和朊病毒。如果不论状态和有机实体，它们可以被看作是无生命的。病毒是一束一束生长在保护层内的核酸。它们不能在宿主细胞外生存和生长。大多数病毒寄生在真核生物细胞之中。逆转录病毒会把它们的DNA转入其宿主的染色体中，其他的会侵略细菌的病毒式抗生素（食菌者）。

朊病毒缺乏核酸和保护层。它们比蛋白质颗粒还小，会把自己复制到宿主生物体的内部或外部。

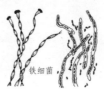

铁细菌

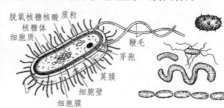

脱氧核糖核酸 质粒
核糖体
细胞质
鞭毛
芽孢
荚膜
细胞壁
细胞膜

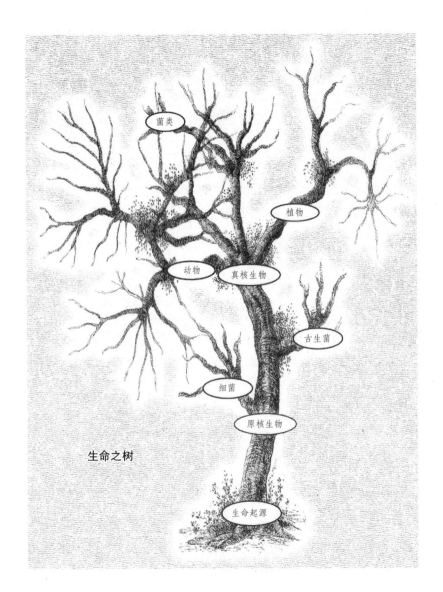

生命之树

APPENDIX Ⅱ — PROTISTS
附录Ⅱ—原生生物

原生生物分为单细胞生物和多细胞生物,从形态学和生态学上,它们被分为明显的两类:原生动物和原生植物。原生动物包含类动物原生生物,它们起源于真菌;原生植物是类植物原生生物,它们大部分是藻类植物。复杂有机体是原生生物在进化上的初步尝试,由于它们都有细胞核,这为所有动物、植物和真菌提供了基本结构框架。

真菌界由许多不同的亚界物种组成。双核亚界是我们熟知的一个亚界,它又被分为担子菌门和子囊菌门。担子菌门包括所有的毒菌、蘑菇、括弧菌、马勃菌、鬼笔科菌。子囊菌门包括羊肚菌、块菌、烘焙酵母菌、酿酒酵母菌和许多地衣类。真菌最明显的部分实际上是它们的子实体,而成活和生长的真菌部分是被称为"菌丝体"的菌丝网,它可能是隐于视野之外的巨大而古老的有机生物体。许多真菌是与其他生物有机体共生的。

有性生殖出现在许多真菌中,这意味着减数分裂与受精作用在不断变化的条件下,为自然选择促进真菌更有效的进化提供了基因多样性。一般来说,简单生物体不会为了生存寻求基因多样性。因为在生命的历史中,它们所选择的生存环境保持了相对的稳定性。基因突变和无性繁殖的高产率已经足够让它们去应付出现的潜在变化。

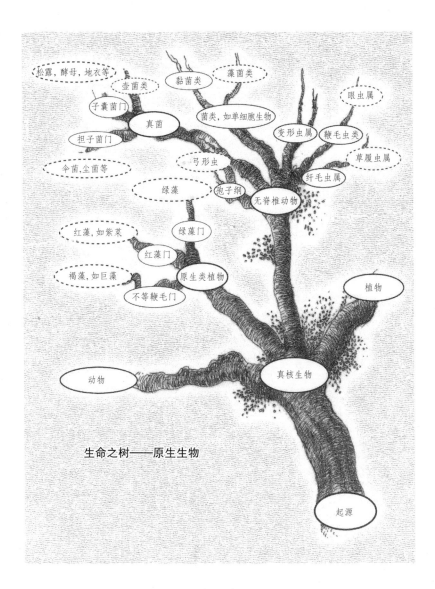

松露, 酵母, 地衣等

壶菌类

黏菌类

藻菌类

眼虫属

子囊菌门

菌类, 如单细胞生物

真菌

变形虫属

鞭毛虫类

担子菌门

弓形虫

草履虫属

伞菌, 尘菌等

纤毛虫属

绿藻

孢子纲

无脊椎动物

红藻, 如紫菜

绿藻门

红藻门

植物

褐藻, 如巨藻

原生类植物

不等鞭毛门

动物

真核生物

生命之树——原生生物

起源

APPENDIX Ⅲ — PLANTS

附录Ⅲ— 植物

植物与动物界存在着动态平衡，为了生存，彼此依靠。植物吸收二氧化碳产生氧气，动物则正好相反。植物处于食物链的最底端，为动物提供食物；动物通过排泄和分解作用返归土壤以养料。植物也从矿物质、水和空气中为这一循环带来新的营养物。在地球上，生物有机体之间这种相互依赖性是一个至关重要的生命特征，这就是我们要尊重植物生态系统的原因。

植物界主要被分为维管植物和无维管植物。维管植物可以从根部向其他有机组织输送液体，这意味着它们能在没有地表水的地方生存和移植。维管植物包括石松类、蕨类、木贼类、松柏类、苏铁、银杏类、禾本科、草本科、灌木。从孢子的产生到裸子再到有壳的种子和坚果，有一个清晰的进化过程，这为发芽植物的胚胎提供了食物和保护。无维管植物是最简单的陆生植物。一般来说，它们很小、喜阴、没有根、茎和叶子。

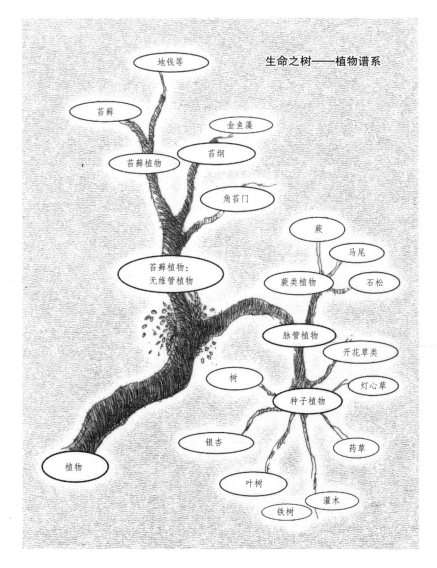

生命之树——植物谱系

地钱等

苔藓

金鱼藻

苔纲

苔藓植物

角苔门

蕨

马尾

蕨类植物

石松

苔藓植物：
无维管植物

脉管植物

开花草类

树

灯心草

种子植物

银杏

药草

植物

叶树

灌木

铁树

附录IV— 动物

　　动物的范围从简单的单细胞生物一直延伸到高度复杂的多细胞生物。它们非常活跃,能自发地移动,并且,如植物一样,它们由单细胞和细胞群组成,这些细胞相互合作。大多数动物门类出现在距今约5.5亿年前的寒武纪海洋中。

　　经典的分类学把动物界划分为脊椎动物与无脊椎动物(有无脊柱)。无脊椎动物包含了大约97%的动物物种,它包括变形虫、水螅属动物、海绵动物、蠕虫、软体动物(蛞蝓、蜗牛)、腔肠动物(海蜇、海葵、珊瑚)、棘皮动物(海胆、海星)、头足类动物(鱿鱼、章鱼、乌贼)和节肢动物(甲壳动物、蛛形类动物、昆虫类)。脊椎动物包括鱼类、两栖类、爬行类、鸟类、有袋哺乳类和胎盘哺乳类。现存的每一物种都处于自身进化史的顶端。

　　现代动物界的分类有13个门类,包括至少3个不同种类的蠕虫类。迄今为止,最大的一个门类是节肢动物门,它多由昆虫组成,有超过100万种的已命名物种和2000万种的未命名的物种。地球上,可能总共约有3000万种植物和动物,每6年人类活动会造成1%物种的灭绝,也就是平均每年有5万种灭绝。这是地球上自白垩纪起恐龙及85%的物种大灭绝以来基因灭绝的最快速度。而上一次地球耗费了3000万年的时间才得以恢复。

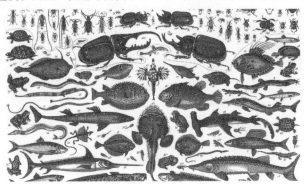

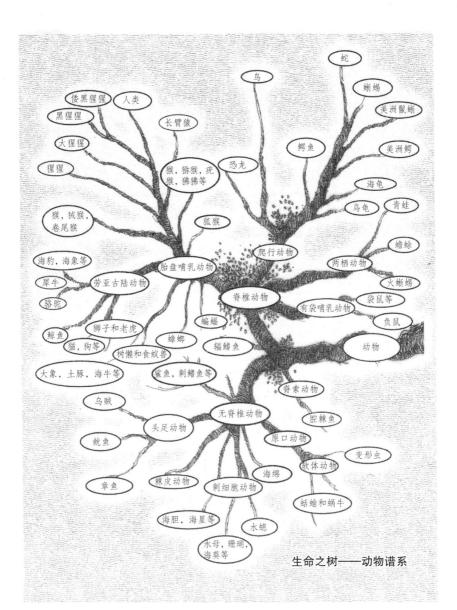

生命之树——动物谱系

APPENDIX V — PHYLOGENY OF LIFE
附录V — 生命的发展史

所有日期都有着相对应的时间点，在各个时间点上，我们共同祖先的差异性越来越大。

200万年前：（人类——？）

30万年前至今：现代人（智人）

30万年前：尼安德特人

80万至30万年前：海德堡人

140万至20万年前：直立人

190万至150万年前：东非直立人

240万至190万年前：鲁道夫人

200万年前：黑猩猩与倭黑猩猩从它们共有的祖先那里分化出来

250万至190万年前：能人

300万年前：非洲南方古猿

390万年前：阿法尔南方古猿

400万年前：湖畔南方古猿

580万至440万年前：始祖地猿

600万年前：图根原人

700万年前：第一个类人型物种出现（例如：乍得沙赫人）

1400万年前：大型树栖类人猿

1800万年前：长臂猿

2500万年前：旧大陆猴（例如：恒河猴、疣猴、狒狒等）

4000万年前：新大陆猴（例如：卷尾猴、狨、蜘蛛猴）

6300万年前：狐猴

7000万年前：树鼩等

7500万年前：啮齿动物和兔子（4000万年后共有同一个祖先）

8500万年前：劳亚古陆居民（例如：猫科、犬科、骆驼、马、海豹、鲸、河马、蝙蝠等）

8000万至1.05亿年前：所有其他胎盘类哺乳动物（例如：大象、海牛、食蚁兽）

1.4亿年前：有袋类哺乳动物（例如：袋鼠、负鼠等）

1.8亿年前：单孔目动物，鸭嘴兽

3亿至2.2亿年前：爬行类动物与第一只禽类。龟类（3亿年前）、鳄目动物（2.4亿年前）、蛇类（2.2亿年前）等

3.4亿年前：两栖动物（例如：蛙类、蟾蜍、蝾螈等）

4.15亿年前：肺鱼类

4.4亿年前：鳍刺类鱼（例如：鲱鱼、鲑鱼、鲟鱼等）

4.6亿年前：鲨鱼和鳐鱼

5.3亿年前：七鳃鳗、原口动物和后口

动物（例如：扁形虫、天鹅绒虫、软体动物），海鞘

16亿至10亿年前：海绵动物、栉水母动物，胶状生物（例如：栉水母）、刺胞动物（例如：海蜇、珊瑚、海葵）

25亿至16亿年前：原生生物、植物、阿米巴变形虫、真菌

30.0086亿至25亿年前：真细菌与古生菌

附录VI— 词汇表

适应：生物或物种与环境相适合的变化过程。

染色体是一条由核酸和蛋白质组成的线状体，存在于大部分现存的有机细胞核内，它携带遗传信息——基因。

交叉：在减数分裂过程中同源亲代染色体之间基因的改组，结果产生配子（精子或卵子）。

生态系统：由相互作用的生物有机体和它们的自然环境构成的生物群落。

环境：人、动物、植物生存和活动的境遇和条件。

表观遗传：用来表述影响基因组环境因素的术语。

表达：基因在细胞中表现活跃，那么就被认为在表达自己。表现型就是基因组表达产生的外在性状。

基因：为蛋白质编码的一段脱氧核糖核酸。

基因池：物种完整而独特的等位基因。

基因型：对有机体基因构成的描述。

配子：精子和卵子。

基因组：物种的脱氧核糖核酸。

拉马克学说：该理论认为，某些固有特征可以被后代所继承。通过表观遗传的方式运作。

减数分裂：由两个细胞中的一个所引起的分裂方式，它是亲代DNA的特殊混合。同源染色体间的基因重组，创造了配子的多样性。

迷因：基因在文化上的对应物。

迷因学：对迷因的研究。

有丝分裂：由两个细胞中的一个所引起的分裂方式，这两个细胞有相等数量和类型的亲代染色体。

生态位：生态系统中对物种差异性的描述。

细胞核：脱氧核糖核酸安全的生存位置。

表现型：有机体（内部）遗传信息的外在表现。例如，蓝眼睛是个体遗传信息的表现型。相反地，蓝眼睛的特征是基因型的内在信息，而不是外显信息。

图书在版编目（CIP）数据

创世神话：造物的千年进化史 /（英）格拉德·切谢尔著；张慧译. -- 长沙：湖南科学技术出版社,2017.8
（科学之美）
ISBN 978-7-5357-9291-4

Ⅰ. ①创… Ⅱ. ①格… ②张… Ⅲ. ①物种进化－普及读物 Ⅳ. ①Q111-49

中国版本图书馆 CIP 数据核字(2017)第 128213 号

©2008by Wooden Books Limited
©2008 by Gerard Cheshire
Published by arrangement with Alexian Limited
Simplified Chinese translation copyright ©2017 by Hunan Science & Technology Press
All Right Reserved
湖南科学技术出版社获得本书中文简体版中国大陆地区独家出版发行权。
著作权登记号：18-2017-088

科学天下 科学之美
CHUANGSHI SHENHUA ZAOWU DE QIANNIAN JINHUASHI
创世神话 造物的千年进化史
著　　者：格拉德·切谢尔（英）
译　　者：张慧
责任编辑：孙桂均 李媛 刘英
出版发行：湖南科学技术出版社
社　　址：长沙市湘雅路 276 号
　　　　　http://www.hnstp.com
邮购联系：本社直销科　0731-84375808
印　　刷：长沙超峰印刷有限公司
　　　　　（印装质量问题请直接与本厂联系）
厂　　址：长沙市金洲新区泉洲北路 100 号
邮　　编：410600
版　　次：2017 年 8 月第 1 版第 1 次
开　　本：787mm×1092mm　1/24
印　　张：3
字　　数：55000
书　　号：ISBN 978-7-5357-9291-4
定　　价：18.00 元